Notion de fonction

Mathématiques, collège, 3ème

Notion de fonction

Mathématiques, collège, 3ème

Conforme
Au **nouveau programme**

1ère édition
2020

Lucas VOLET

Association OREMIS

Illustration de couverture : © Lisa LOPEZ
Instagram : @lilidraw.pro

© Lucas VOLET
© OREMIS

www.oremis.com

Le Code de la propriété intellectuelle n'autorisant, aux termes de l'article L. 122-5, (2° et 3°a), d'une part, que les « copies ou reproductions strictement réservées à l'usage privé du copiste et non destinées à une utilisation collective » et, d'autre part, que les analyses et les courtes citations dans un but d'exemple et d'illustration, « toute représentation ou reproduction intégrale ou partielle faite sans le consentement de l'auteur ou de ses ayants droit ou ayants cause est illicite » (article L. 122-4). Cette représentation ou reproduction, par quelque procédé que ce soit, constituerait donc une contrefaçon sanctionnée par les articles L. 335-2 et suivants du Code de la propriété intellectuelle.

Édition : BoD – Book On Demand,
12/14 rond-point des Champs-Elysées, 75008 Paris
Impression : BoD – Books On Demand, Norderstedt, Allemagne

ISBN : 9 782322235704
Dépôt légal : Juillet 2020

Chapitre 1

Notion et vocabulaire de fonction

Chapitre 1 : Notions de fonctions

Une fonction est un objet mathématiques permettant de mettre en relation deux nombres.

Laissez-moi vous emmener dans la cuisine de Mamie YOYO…
Chaque été son petit-fils allait chez sa mamie pour les vacances. Ce dernier raffolait des carottes râpées !
Alors, en arrivant il lui demandait : « mamie, mamie, peux-tu me faire des carottes râpées ? »
Mamie YOYO toujours contente de faire plaisir à son petit-fils lui répondit :
« Bien sûr mon chéri, sortons le robot f RapOCarotte »

Voici donc le fameux robot de Mamie YOYO :

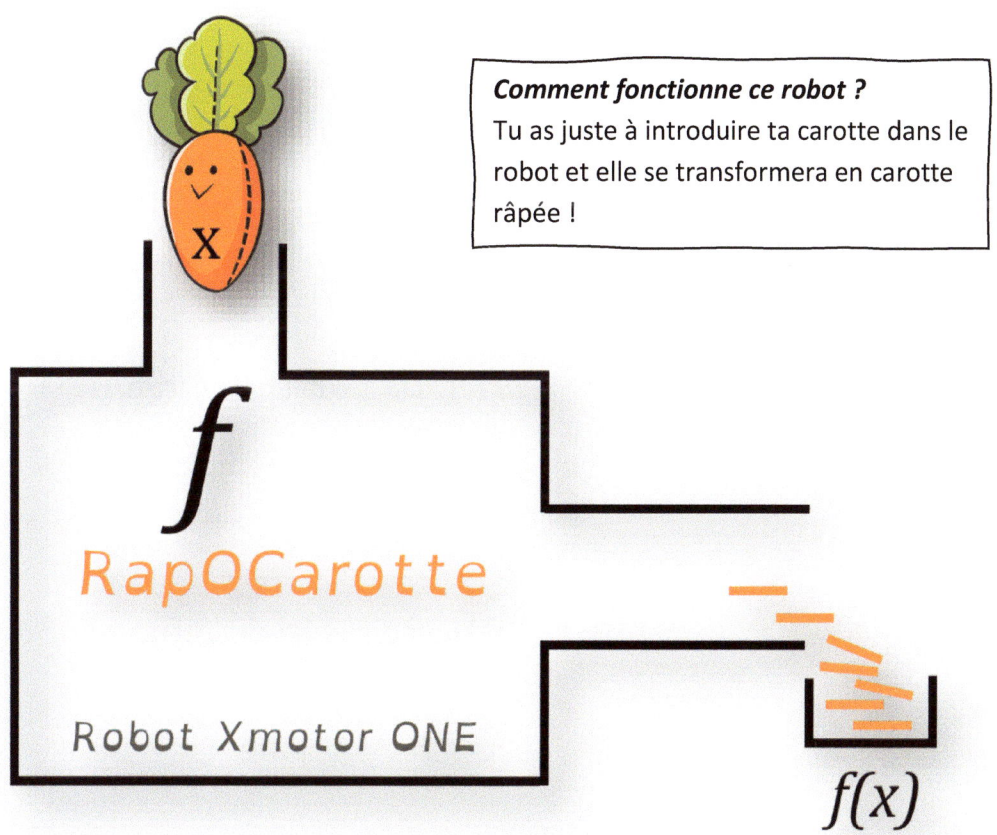

Comment fonctionne ce robot ?
Tu as juste à introduire ta carotte dans le robot et elle se transformera en carotte râpée !

Une fonction ressemble beaucoup à cet exemple. Avec un nombre x nous allons pouvoir obtenir un autre nombre qui s'écrit $f(x)$.

On appelle x *(ici la carotte)* l'antécédent du robot f et on appelle $f(x)$ l'image *(ici les carottes rappés)* de x *(des carottes)* du robot f.

Plus simplement, le bol de carottes râpées est l'image de la carotte par le robot f.

On dit également que x est une variable.

Résumons, lorsqu'on va faire passer la carotte dans le robot nous obtiendrons à la sortie des carottes râpées.
L'image $f(x)$ se lit **« f de x »**

L'écriture mathématique d'une fonction est :

$$f : x \longmapsto f(x)$$

Cette notation se lit : « la fonction f qui à x associe $f(x)$ »

Calcul d'image

Calculer l'image d'un nombre par une fonction revient à remplacer la variable par le nombre en question dans l'expression.

Exemple :

Soit f une fonction définie par $f : x \longmapsto 2x + 3$. On peut aussi écrire $f(x) = 2x + 3$.

Calculons l'image de 4 par la fonction f : Pour cela, on remplace x par 4 dans l'expression de la fonction f.

Ce qui nous donnes $f(4) = 2 \times 4 + 3 = 11$.

On peut donc affirmer avec certitude que l'image de 4 par la fonction f est 11.

Calcul d'antécédent

Chercher l'antécédent d'un nombre par une fonction f revient à résoudre une équation.

Exemple :
Considérons la fonction g définie par $g(x) = 4x + 2$.
Cherchons alors l'antécédent de 1. On cherche donc la valeur x tel que $g(x) = 1$.

Cela revient donc à résoudre (*en remplaçant $g(x)$ par son expression*) :
$4x + 2 = 1$

$$4x + 2 = 1$$
$$4x + 2 - 2 = 1 - 2$$
$$4x = -1$$
$$x = -\frac{1}{4}$$

$-\frac{1}{4}$ est l'antécédent de 1 par la fonction g.

Il est très simple de le vérifier : il suffit de remplacer x par $-\frac{1}{4}$ dans l'expression de la fonction g. Nous devrions trouver 1.

Vérification :

$g\left(-\frac{1}{4}\right) = 4 \times \left(-\frac{1}{4}\right) + 2 = 1$ donc ce que nous avons fait est juste

Exercice 1 : Soit f une fonction définie par $f : x \mapsto x - 1$.
   a. Calculer $f(-1)$.
   b. Calculer $f(0)$.
   c. Calculer $f(3)$.

Exercice 2 : Calculer l'image des nombres $11, -12$ et -2 par la fonction g définie comme $g : x \mapsto 2x - 1$.

Exercice 3 : Calculer l'antécédent du nombre 5 par la fonction $h : x \mapsto 3x - 4$.

Exercice 4 : Traduire chaque phrase par une égalité.
   a. L'image de 3 par la fonction f est 7.
   b. 5 a pour image -8 par la fonction f.
   c. 8 a pour antécédent 4 par la fonction f.

Exercice 5 : Soit f la fonction $f : x \mapsto 2x^2 - 3x + 4$.
   a. Calculer $f(-2)$.
   b. Quelle est l'image par f de 0 ? De 5 ? De ½ ?
   c. 3 est-il un antécédent de 4 par f ?

Chapitre 2

Représentation graphique d'une fonction

Chapitre 2 : Représentation graphique d'une fonction

Une fonction peut être représentée graphiquement dans un repère.

> **DEFINITION** Dans un repère, la **courbe représentative** d'une fonction est formée par tous les points dont les coordonnées sont de la forme $(x, f(x))$.

Sur la représentation graphique ci-contre, le point $M(3,2)$ appartient à la courbe représentative de f.

L'image de 3 par f est $f(3) = 2$.

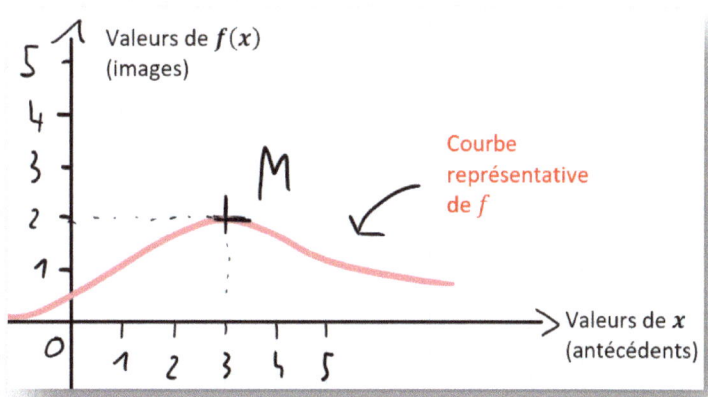

Courbe représentative d'une fonction f

NOTES :
- Sur l'axe des abscisses nous pouvons lire les antécédents de la fonction.
- Sur l'axe des ordonnées nous pouvons lire les images de la fonction.

Comment représenter graphiquement une fonction ?
Soit la fonction f définie par $f(x) = x + 2$. Pour tracer la courbe représentative de cette fonction nous allons avoir besoin de quelques valeurs de cette dernière. Utilisons ce qu'on appelle un tableau de valeurs afin d'y répertorier certaines valeurs de la fonction.

Dans la première ligne de notre tableau nous indiquons les antécédents et dans la seconde les images par la fonction f.

x (Antécédents)	−2	−1	0	1	2
$f(x)$ (Images)	0	1	2	3	4

Maintenant, plaçons dans un repère les points dont les coordonnées sont $(x\,;f(x))$.
Ensuite, relions ces points entre eux, cela fera donc une courbe :

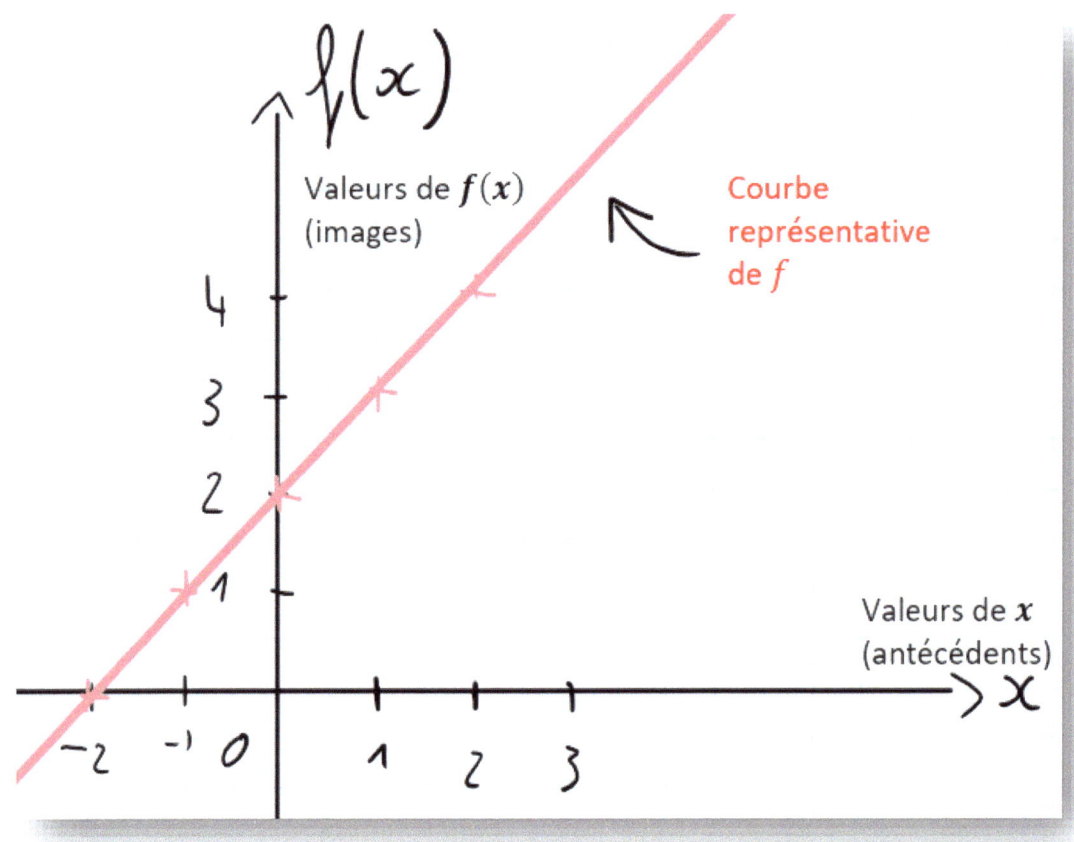

Courbe représentative de la fonction $f(x) = x + 2$

La courbe représentative de la fonction f peut-être notée C_f.

Exercice 1 : Soit f la fonction représentée graphiquement :

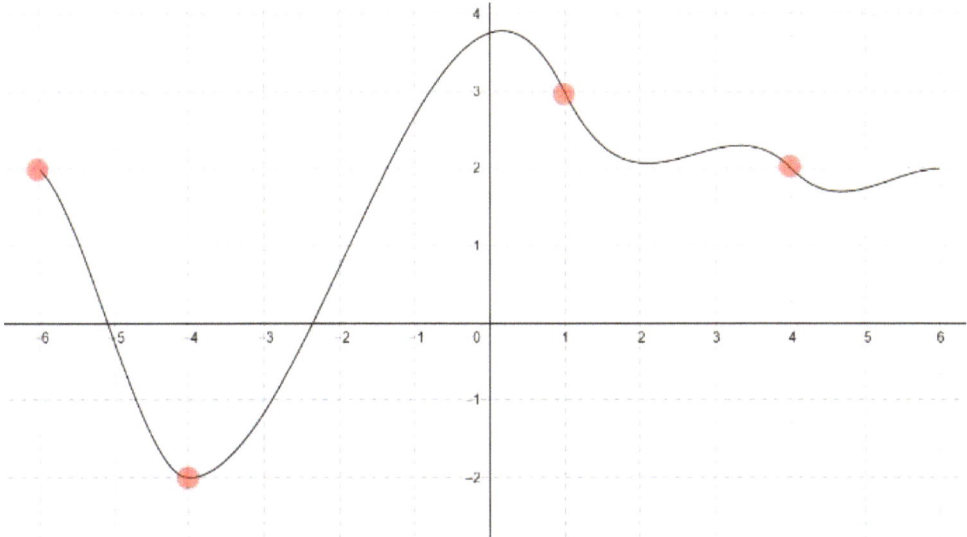

Déterminer graphiquement les images suivantes : $f(-6)$; $f(-4)$; $f(1)$ et $f(4)$.

Exercice 2 : Soit f la fonction représentée graphiquement :

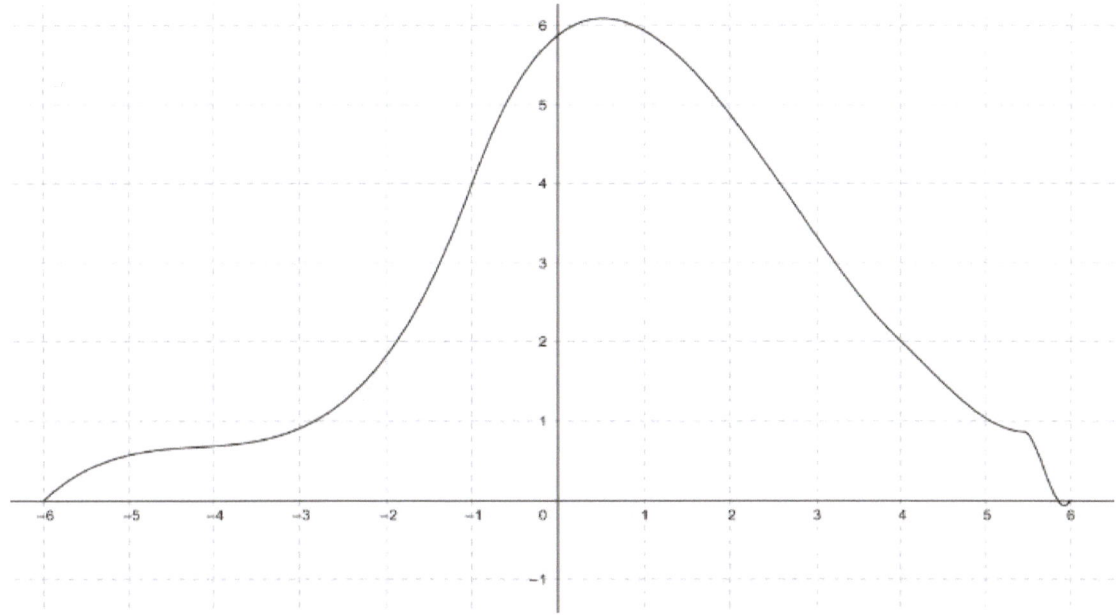

Déterminer graphiquement les nombres suivants :
- a. L'image de −6 par la fonction f
- b. L'antécédent de 2 par la fonction f
- c. L'antécédent de 4 par la fonction f
- d. L'image de 5 par la fonction f

Exercice 3 : Soit f la fonction représentée graphiquement :

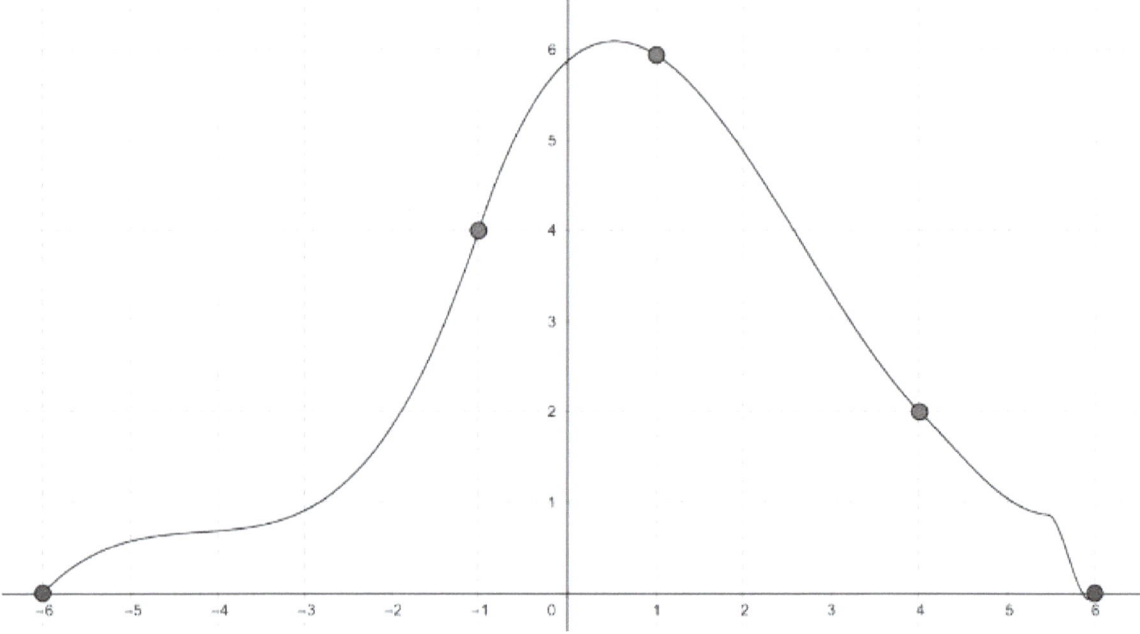

Construire le tableau de valeur de la fonction f en y indiquant les points gris.

Exercice 4 : Soit f une fonction représentée par la tableau de valeur suivant :

x	-2	0	1	3
f(x)	1	4	6	-1

Dans un repère, représenter la fonction f.

Exercice 5 : Construire une fonction f en suivant les indications suivantes :
- L'image de -1 est 4
- L'image de 2 est 3
- L'antécédent de 5 est 5

Chapitre 3

Fonction linéaire, fonction affine

Chapitre 3 : Fonctions linéaires, Fonctions affines.

En mathématique il existe des familles de fonction.
Dans ce chapitre, nous étudierons exclusivement les foncions linéaires et les fonctions affines.

Fonctions linéaires

DÉFINITION Soit f une fonction.
f est **une fonction linéaire** s'il existe un nombre a tel que, pour tout nombre x, $\quad f(x) = ax.$

On note la fonction linéaire : $f: x \mapsto ax$ où a est appelé coefficient de la fonction linéaire f.

Exemple : La fonction $f: x \mapsto 2x$ est une fonction linéaire de coefficient 2.

PROPRIÉTÉ Dans un repère, la **courbe représentative** d'une fonction linéaire est une **droite passant par l'origine du repère**.

Exemple : $f: x \mapsto 2x$

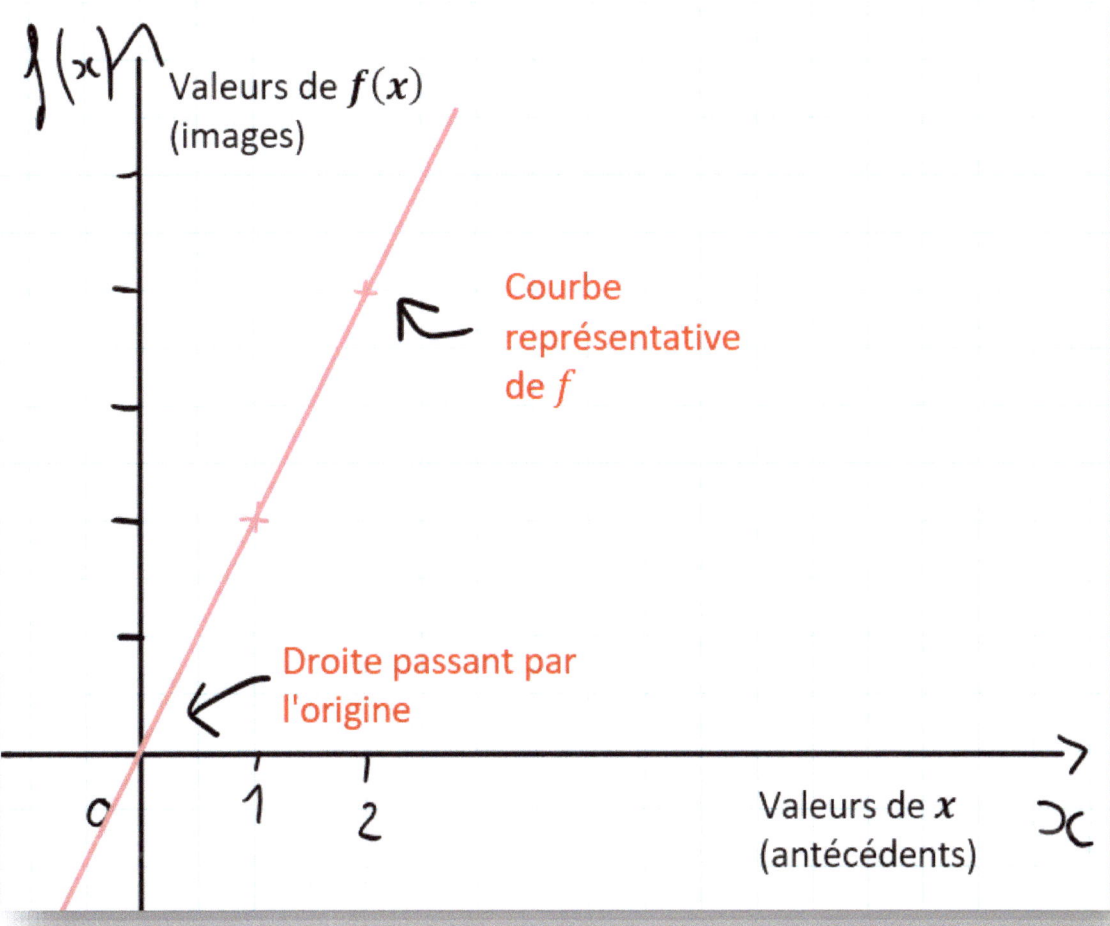

Courbe représentative de la fonction $f(x) = 2x$

Fonctions affines

DÉFINITION Soit f une fonction.
f est **une fonction affine** s'il existe deux nombres a et b tel que, pour tout nombre x,
$$f(x) = ax + b$$

On la note $f : x \mapsto ax + b$.
a est appelé **coefficient directeur** de f et b est appelé **ordonnée à l'origine** de f.

Exemple : $f(x) = -2x + 1$ est une fonction affine de coefficient directeur -2 et d'ordonnée à l'origine 1.

CAS PARTICULIERS Soit f une fonction affine telle que $f(x) = ax + b$.
- Si $b = 0$, alors $f(x) = ax$ et f est **une fonction linéaire** de coefficient a.
- Si $a = 0$, alors $f(x) = b$ et f est **une fonction constante** c'est-à-dire que tous les nombres on pour image b.

PROPRIÉTÉ Dans un repère, la **courbe représentative** d'une fonction affine f définie par $f(x) = ax + b$ **est une droite**.
- Le nombre a est le **coefficient directeur** de cette droite.
- Le nombre b est l'**ordonnée à l'origine** de cette droite.

L'exemple vu au chapitre 2, $f(x) = x + 2$ est une fonction affine.

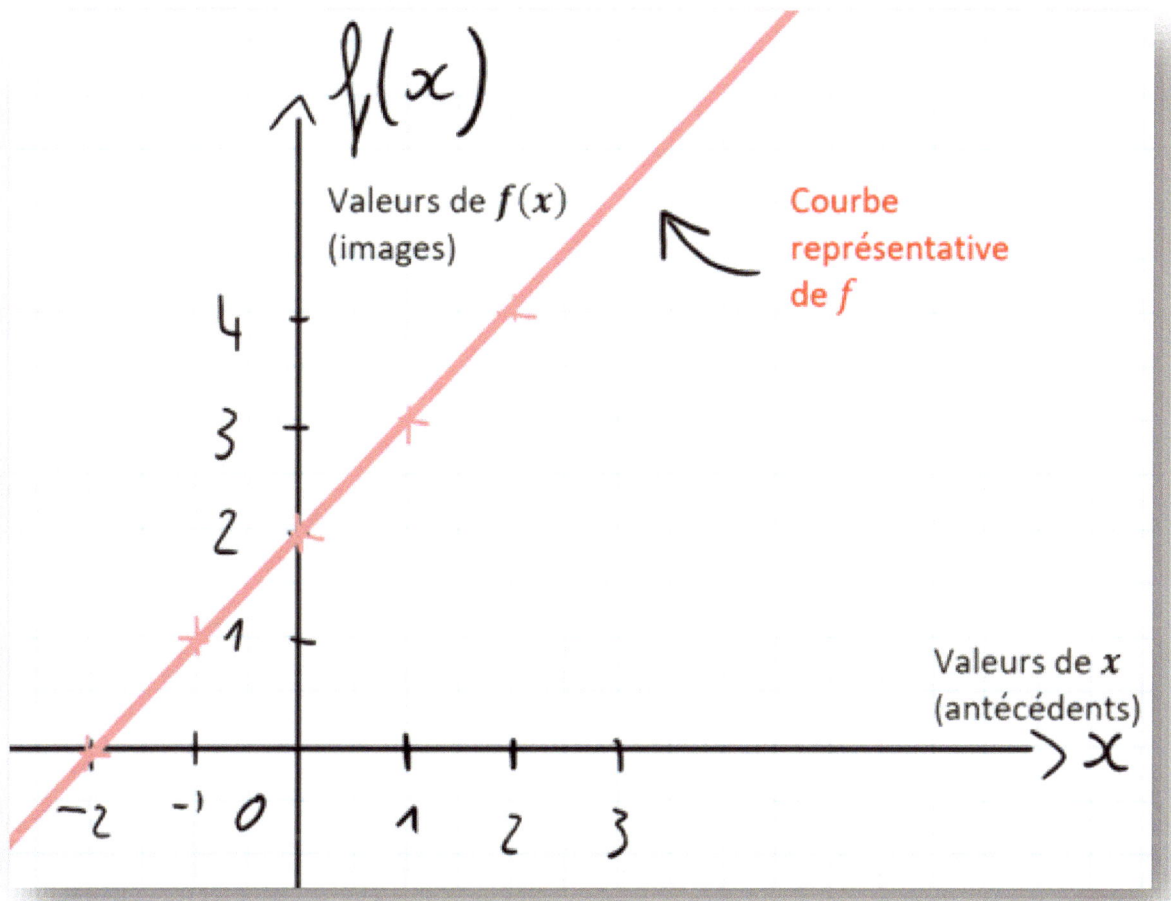

Courbe représentative de la fonction $f(x) = x + 2$

Exercice 1 : Les fonctions f, g, h et i sont-elles linéaires ou bien affines ?

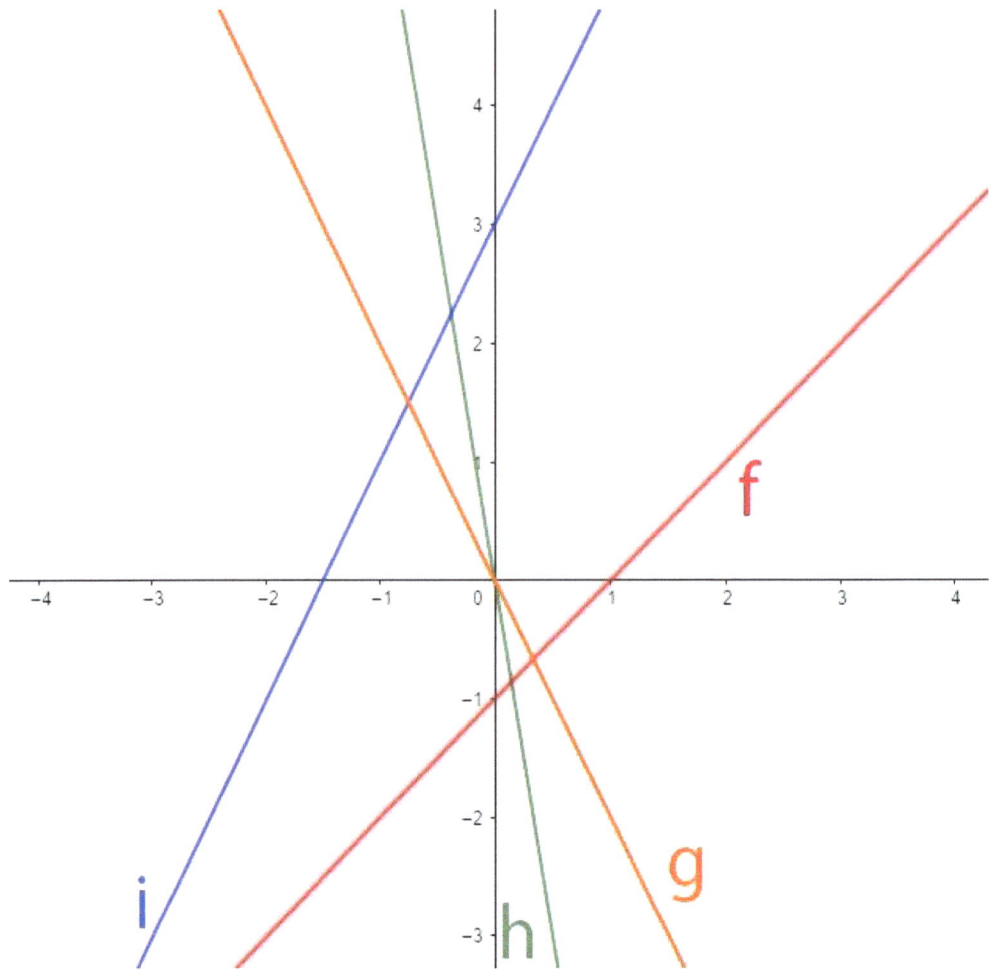

Exercice 2 : Indiquer si les fonctions suivantes sont affines ou linéaires et si elles sont affines indiquer les valeurs de a et b.
    a. $f(x) = x - 1$
    b. $g(x) = 2x + 1$
    c. $h(x) = 3x$
    d. $i(x) = 3(x + 1)$
    e. $j(x) = -x$
    f. $k(x) = ax$

Exercice 3 : Soit f la fonction affine telle que $f(x) = 7x - 3$.
  a. Calculer les images par f de 0 ; -4 ; 2 et $-\frac{1}{3}$
  b. Calculer les antécédents par f de -3 ; 0 et -1

Exercice 4 : Dans un repère, placer les points $A(0\,;\,5)$ et $B(3\,;\,-4)$ puis tracer la droite (AB).
Cette droite (AB) représente une fonction affines. Laquelle ?

Exercice 5 : Vrai ou faux ?
  a. « La fonction qui à tout x associe $\frac{x}{7}$ est une fonction linéaire. »
  b. « La représentation graphique d'une fonction linéaire est une droite. »
  c. « La fonction $f : x \mapsto x$ n'est pas linéaire. »
  d. « Il existe une fonction linéaire telle que l'image de 0 est 6. »

Chapitre 4

Modélisation

Chapitre 4 : Modélisation

La notion de fonction est très utilisée dans la vie de tous les jours afin par exemple de calculer la trajectoire d'une fusée ou bien de prédire la météo de demain.

Dans ce court chapitre nous étudierons des exemples d'applications de la notion de fonction. Avant de commencer ce chapitre il est très important d'avoir compris et de savoir appliquer les précédentes parties de ce livre.

Exemple n°1 : Le parc éolien de *Helloland*

Le maire de Helloland souhaite faire construire un parc éolien. Ce dernier produira **400 000€ par an**, l'installation quant à elle coutera **3 200 000€**. Monsieur le maire cherche à déterminer au bout de combien d'année le parc éolien sera rentabilisé.

Le maire propose l'expression suivante :

$$f(x) = 400\,000x - 3\,200\,000$$

$400\,000x$ représente le bénéfice réalisé en fonction du nombre d'année x et $-3\,200\,000$ représente le coût total d'installer du parc.

Nous voulons déterminer à partir de combien d'années l'installation sera rentabilisé.
En d'autres termes, nous cherchons à trouver quand est-ce-que le bénéfice ne sera plus négatif et sera égal à zéro.
Cela revient donc à résoudre : $f(x) = 0$.

Remplaçons maintenant $f(x)$ par son expression

$$400\,000x - 3\,200\,000 = 0$$

Il ne reste plus qu'à résoudre l'équation.

$$400\,000x = 3\,200\,000$$
$$x = \frac{3\,200\,000}{400\,000} = 8$$

On peut donc conclure, que le parc éolien sera rentabilisé au bout de la 8ème année.

« Là, c'est ton exemple ! » : La bouteille d'eau gelé

L'eau contenue dans une bouteille en plastique de $1,5\ L$ a gelé. Son volume est alors de $1,62\ L$.

  a. Calculer le pourcentage d'augmentation du volume lors de ce changement d'état.
  b. Les physiciens ont prouvé qu'il y a proportionnalité entre le volume d'eau initial et le volume de glace obtenu.
     Modéliser cette situation à l'aide d'une fonction.
  c. Calculer l'antécédent de $5,4$ par cette fonction.
     Interpréter le résultat.

C'est maintenant à toi de jouer ! Tu peux écrire directement au crayon à papier sur le livre ! La correction est disponible page … (mais je compte sur toi !)

Exercices supplémentaires

Notion et vocabulaire de fonction

Représentation graphique d'une fonction

Fonction linéaire, fonction affines

Modélisation

Calculs d'images et antécédents

Exercice 1 : Soit f la fonction définie par $f(x) = x - 1$.
Calculer les images de -1 ; 3 ; $\frac{7}{2}$ et $-\frac{1}{2}$

Exercice 2 : Soit la fonction f définie par $f(x) = 2x(x + 1)$.
Calculer $f(1), f(-1)$ et $f(5)$

Exercice 3 : Soit f la fonction définie par $f(x) = 7x - 1$.
Déterminer l'antécédent de -2 ; 0 et 4.

Exercice 4 : Trouver l'image de -1 et de 2 par les fonctions suivantes :

- $f(x) = x$
- $g(x) = 2x - 1$
- $h(x) = 5x^2 - 1$
- $i(x) = x^3 - 2$
- $j(x) = 5x - 2$
- $k(x) = -2x^3 - x^2 + 2x - 1$

Exercice 5 : Déterminer l'antécédent de $-1, 0$ et 4 par les fonctions suivantes :

- $f(x) = 4x - 1$
- $g(x) = -x$
- $h(x) = -3x + 1$

Exercice 6 : Le tableau de valeurs suivant est celui d'une fonction h :

x	-2	-1	0	1	2
$h(x)$	1	-2	-1	0	4

a) Quelle est l'image de -2 par la fonction h ?
b) Quel nombre a pour antécédent -1 par la fonction h ?
c) Quel nombre a pour antécédent 4 par la fonction h ?
d) Quelle est l'image de 1 par la fonction h ?

Exercice 7 : Vrai ou faux – Soit f une fonction définie comme $f : x \mapsto x^2 - 2$.

a) L'image de 1 par la fonction f est 3.
b) L'image de 4 par la fonction f est 2.
c) L'antécédent de 1 par la fonction f est 7.
d) L'antécédent de 7 par la fonction f est 3.

Exercice 8 : QCM. Dire dans chacun des cas la ou les bonnes réponses.

1) Soit f la fonction définie par $f(x) = 23x + 1$.
   a. $f(0) = 1$ b. $f(1) = 24$ c. $f(100) = 2$

2) Soit g la fonction définie par $g(x) = -2x$.
   a. $g(-2) = -4$ b. $g(8) = -16$ c. $g(1) = 4$

3) Soit h la fonction définie par $h(x) = 3$.
   a. $h(1) = 3$ b. $h(1000) = 3$ c. Aucune des réponses

4) Soit i la fonction définie par $i(x) = -2(x + 1)$.
   a. $i(-4) = 6$ b. $i(5) = -12$ c. $i(2) = -6$

Exercice 9 : Soit f une fonction définie par $f(x) = (3x + 6)(x - 9)$. Déterminer les antécédents de 0 par la fonction f.

Exercice 10 : Soit le programme de calcul suivant :

> Choisir un nombre
> Multiplier ce nombre par 3
> Soustraire 5 à ce nombre
> Quel est le résultat ?

a. Appliquer ce programme pour le chiffre 2 et donner le résultat.
b. Déterminer une fonction f traduisant le programme de calcul.

Représentation graphique

Exercice 1 : Soit la f la fonction représentée graphiquement ci-dessous.

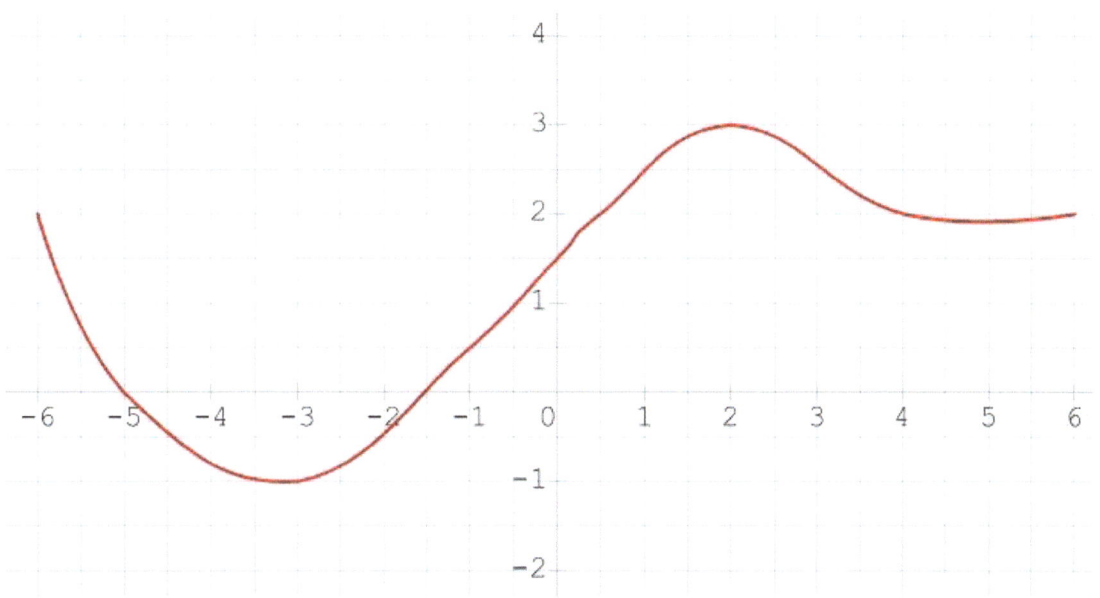

a. Déterminer graphiquement l'image de 4 par f.
b. Déterminer graphiquement l'antécédent de 1,5 par f.
c. Déterminer graphiquement l'image de -5 par f

Exercice 2 : Soit g la fonction représentée graphiquement ci-dessous.

Construire un tableau de valeurs associé à la fonction g.

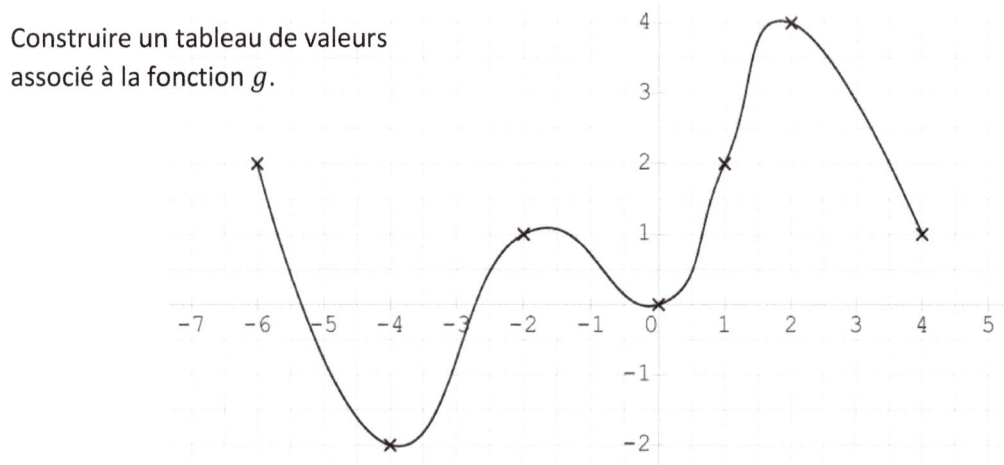

Exercice 3 : Soit j une fonction définie par le tableau de valeurs suivant :

x	-4	-3	-2	-1	0	2	4
$j(x)$	-2	-1	0	2	4	2	1

Dans un repère, représenter graphiquement la fonction j.

Exercice 4 : Représenter graphiquement la fonction $f : x \mapsto 5x - 1$.

Exercice 5 : Représenter graphiquement la fonction $f : x \mapsto -3x$.

Fonctions linéaires et affines

Exercice 1 : Traduire les énoncés suivants en expressions mathématiques.
    a. f est une fonction affine de coefficient directeur 5 et d'ordonnée à l'origine -3.
    b. g est une fonction linéaire de coefficient 4.

Exercice 2 : Montre que les fonctions suivantes sont des fonctions affines.
    a. $f(x) = -5x - 1$.
    b. $g(x) = \frac{-8x+2}{7}$.
    c. $h(x) = \frac{x}{2}$.
    d. $i(x) = -x + 1$.

Exercice 3 : Les fonctions suivantes sont-elles des fonctions affines ?
    a. $f(x) = x - 1$.
    b. $g(x) = 3^2 \times x - 1$.
    c. $h(x) = 5x^2 - 2x + 1$.
    d. $i(x) = 5^2 \times x + 2^2$.

Exercice 4 : Donner les valeurs des coefficients et des ordonnées à l'origine des fonctions affines suivantes :
    a. $f(x) = 1 - 5x$.
    b. $g(x) = -\frac{3x}{7} + 43$.
    c. $h(x) = \frac{-x+7}{3}$.
    d. $i(x) = -63x + x - 1$.

Exercice 5 : Déterminer les expressions des courbes représentatives suivantes :
a.

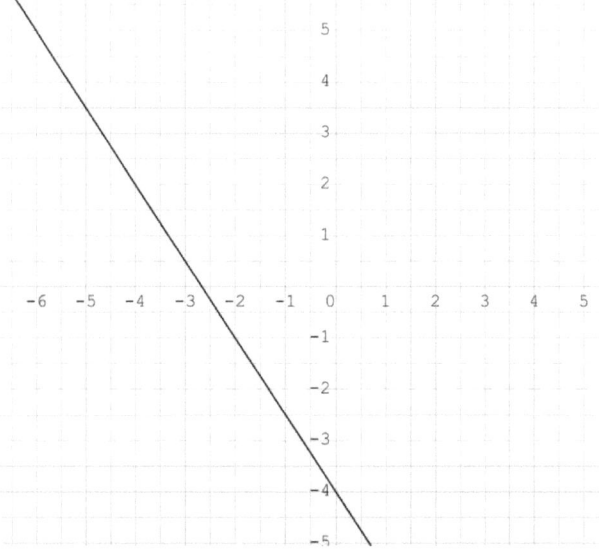

b.

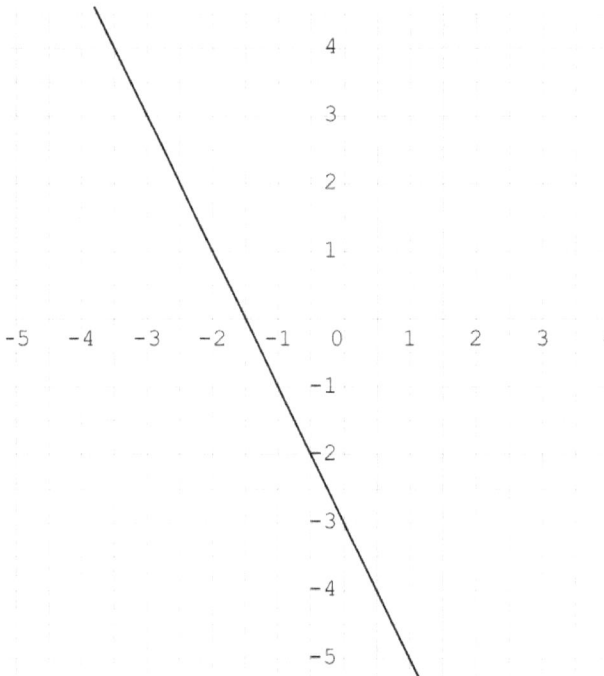

c.

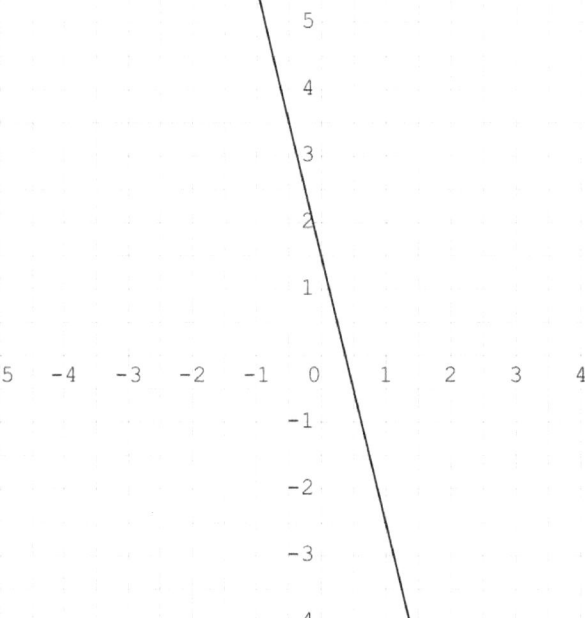

d.

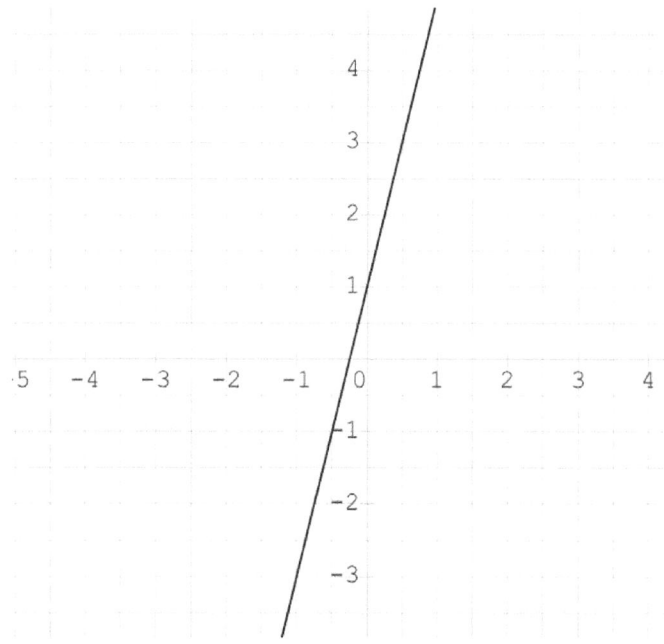

Exercice 6 : Représenter graphiquement la fonction f qui a pour coefficient directeur $-\frac{1}{2}$ et -3 pour ordonnée à l'origine.

Exercice 7 : Déterminer l'image de 8 par la fonction linéaire h ayant pour coefficient $-\frac{7}{3}$.

Exercice 8 : VRAI ou FAUX ?
   a. La représentation graphique d'une fonction linéaire est une droite ne passant pas par l'origine.
   b. La fonction f définie par $f(x) = \frac{-3x+1}{7}$ a pour coefficient directeur -3.
   c. La fonction f définie par $f(x) = 5x - 1$ est affine.
   d. $f(x) = -3x$ n'est pas une fonction affine.

Modélisation

Exercice 1 : Évolution de Mathflore.
Dans cet exercice, nous allons étudier l'évolution de la plante Mathflore au cours du temps.

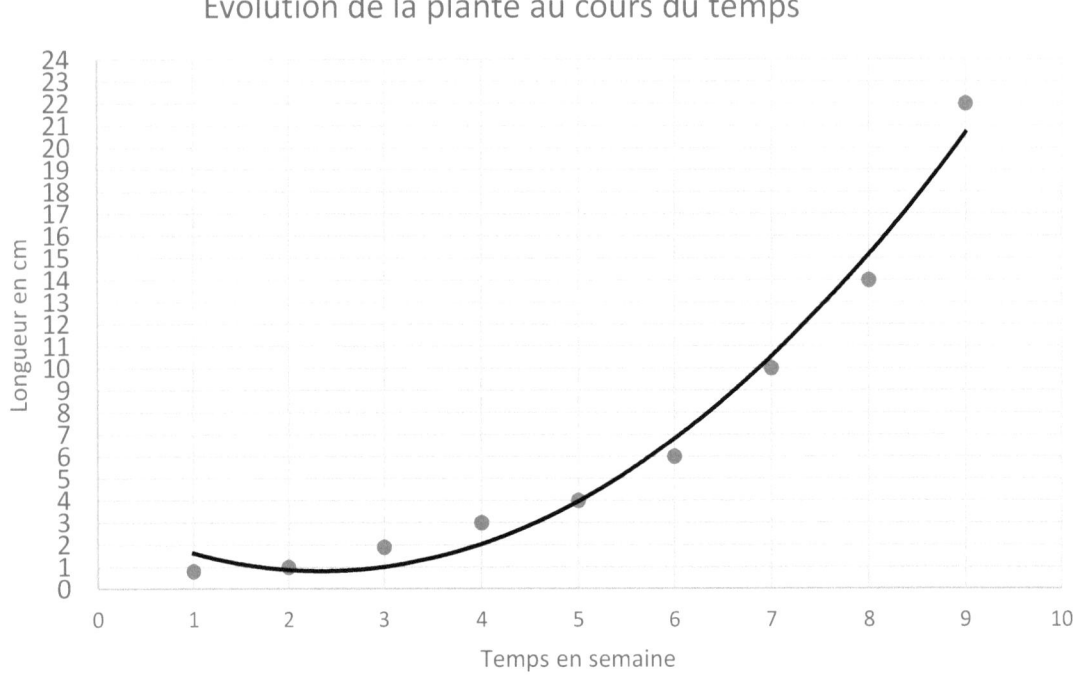

Courbe représentative de la fonction f représentant l'évolution de Mathflore au cours du temps.

1) Dresser le tableau de valeurs de la fonction f.
2) Mathflore commencera à bourgeonner lorsqu'elle atteindra $10\ cm$.
   Au bout de combien de semaines la plante commencera à bourgeonner ?
3) D'après un logiciel de calcul la fonction f est définie par :
$$f(x) = 0{,}4494x^2 - 2{,}1102x + 3{,}2881$$
   a. Calculer l'image de 5 par la fonction f.
   b. Est-ce cohérent avec le graphique ?

Exercice 2 : Aujourd'hui, c'est les soldes !
Oyé ! Oyé : 30% de réduction sur toute la boutique.
   a. Une jupe à 80€ est soldée. Quel est son nouveau prix ?
   b. Un article coûtant x € est soldé. Exprime en fonction de x son nouveau prix. On notera $p(x)$ cette fonction.
   c. p est-elle une fonction linéaire ou affine ?
   d. Représente cette fonction pour les valeurs de x comprise entre 0 € et 150 €.
   e. Détermine à l'aide du graphique, le prix soldé d'un pantalon qui coûtait 50 €.
   f. Détermine à l'aide du graphique, le prix initial (sans solde) d'un t-shirt vendu actuellement 84€

Exercice 3 : Livraison !
Une boulangerie livre des croissants à domicile. Le montant facturé comprend le prix des croissants et les frais de livraison qui sont fixes. 4 croissants livrés coûtent $2,60$ € et 10 croissants livrés coûtent 5 €.
   a. On considère la fonction f qui, au nombre de croissants achetés, associe le prix facturé en euros. Quelle est la nature de cette fonction ?
   b. Trace la courbe représentative de la fonction f dans une repère.
   c. Détermine à l'aide du graphique le montant des frais de livraison.

Exercice 4 : Un problème d'aire.
On étudie les rectangles de périmètre 30 cm.
Soit l la largeur du rectangle.
Quelles sont les valeurs possibles de l ? Exprime la longueur du rectangle puis l'aire du rectangle $\mathcal{A}(l)$ en fonction de l.

Exercice 5 : Hauteur d'un triangle équilatéral.
   a. Calcule la hauteur puis l'aire d'un triangle équilatéral de côté $5\ cm$.
   b. On note x le côté d'un triangle équilatéral quelconque (en cm). Exprime sa hauteur en fonction de x.
   c. On appelle $\mathcal{A}$ la fonction qui à x associe l'aire du triangle équilatéral de côté x.
      o Détermine une expression de $\mathcal{A}$.
      o Calcule $\mathcal{A}(5)$; $\mathcal{A}(3)$ et $\mathcal{A}(\sqrt{3})$.

Corrigés

Correction des exercices de cours

Correction des exercices de cours : chapitre 1

Correction exercice 1 : $f : x \mapsto x - 1$

a. $f(-1) = -1 - 1 = -2$.   b. $f(0) = 0 - 1 = -1$.   c. $f(3) = 3 - 1 = 2$.

Correction exercice 2 : $g : x \mapsto 2x - 1$

a. $g(11) =$
$= 2 \times 11 - 1$
$= 21$

b. $g(-12) =$
$= 2 \times (-12) - 1$
$= -25$

c. $g(-2) =$
$= 2 \times (-2) - 1$
$= -5$

Correction exercice 3 : $h : x \to 3x - 4$
On cherche à déterminer l'antécédent de 5 par la fonction h. On cherche donc pour quel x l'image de h est 5.
Donc $h(x) = 5$.

$$h(x) = 5$$
$$3x - 4 = 5$$
$$3x = 9$$
$$x = \frac{9}{3} = 3$$

Correction exercice 4 :

a. $f(3) = 7$.   b. $f(5) = -8$.   c. $f(4) = 8$.

Correction exercice 5 : $f : x \mapsto 2x^2 - 3x + 4$.

a. $f(-2) = 2 \times (-2)^2 - 3 \times (-2) + 4 = 18$.

b. $f(0) = 2 \times 0^2 - 3 \times 0 + 4 = 4$
$f(5) = 2 \times 5^2 - 3 \times 5 + 4 = 39$
$f\left(\frac{1}{2}\right) = 2 \times \left(\frac{1}{2}\right)^2 - 3 \times \left(\frac{1}{2}\right) + 4 = 3$.

c. $f(3) = 18 - 9 + 4 = 9 + 4 = 13$. Donc non.

Correction des exercices de cours : Chapitre 2

Correction exercice 1 :
a. $f(-6) = 2$.   b. $f(-4) = -2$.   c. $f(1) = 3$.   d. $f(4) = 2$.

Correction exercice 2 :
a. $f(-6) = 0$.   b. $f(4) = 2$.   c. $f(-1) = 4$.   d. $f(5) = 1$.

Correction exercice 3 :

x	-6	-1	1	4	6
$f(x)$	0	4	6	2	0

Correction exercice 4 :

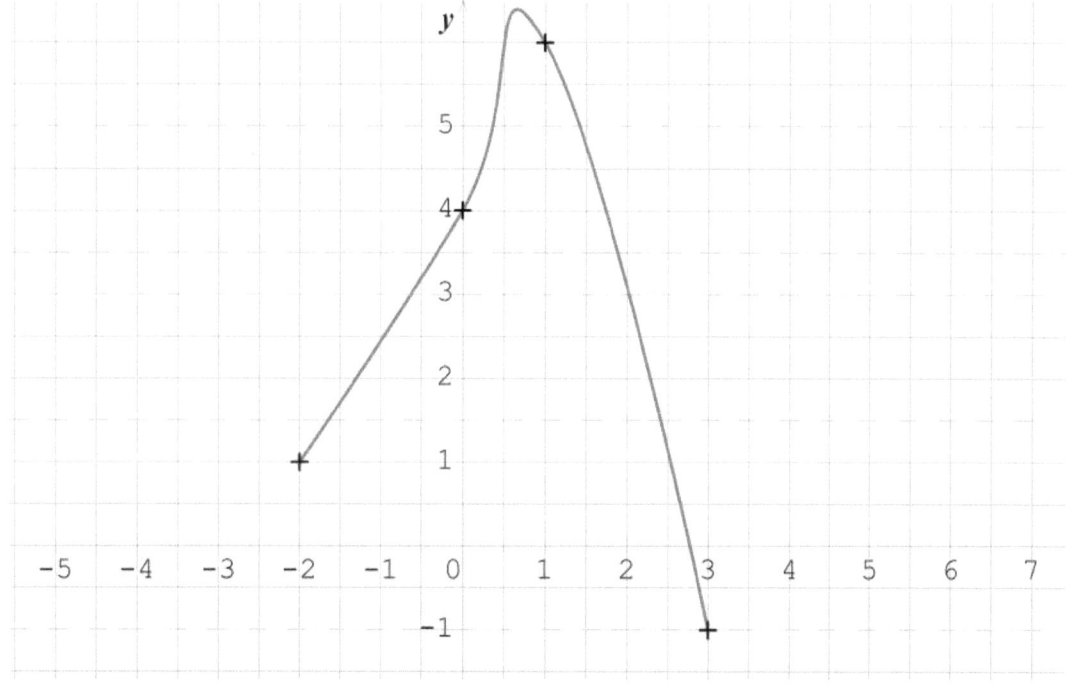

Correction exercice 5 :

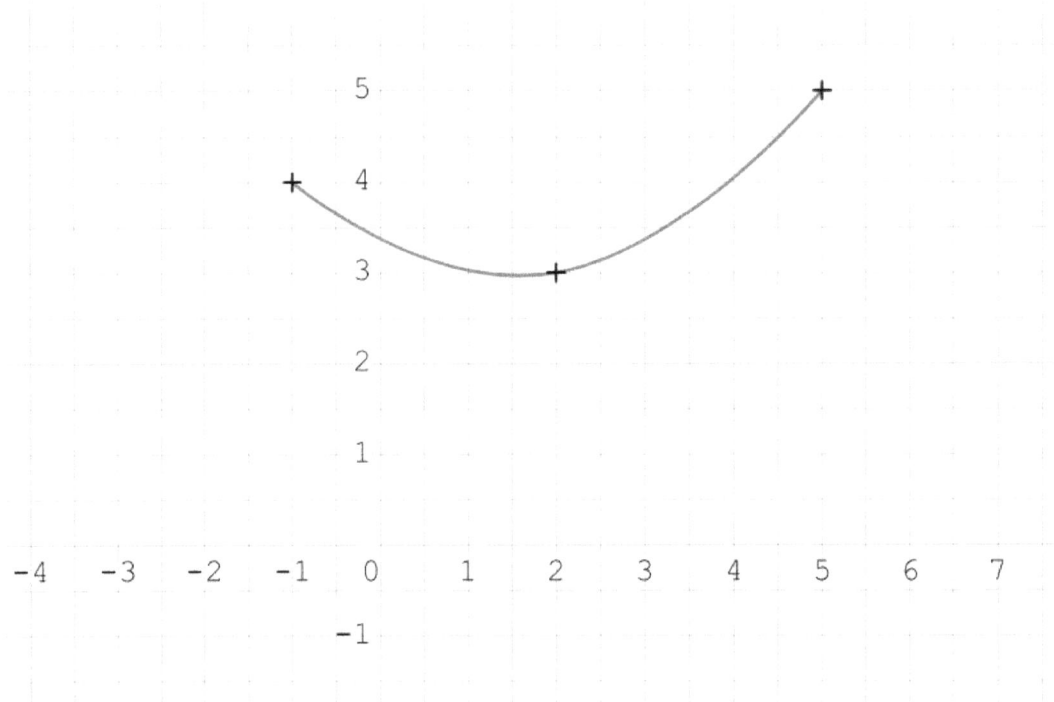

Correction des exercices de cours : Chapitre 3

Correction exercice 1 :

Rappel : Une fonction linéaire est représentée par une droite passant **par l'origine**.
- La fonction f est affine.
- La fonction g est linéaire.
- La fonction h est linéaire.
- La fonction i est affine.

Correction exercice 2 :

a. $f(x) = x - 1$ $a = 1$ $b = -1$ Fonction affine.
b. $g(x) = 2x + 1$ $a = 2$ $b = 1$ Fonction affine.
c. $h(x) = 3x$ $a = 3$ $b = 0$ Fonction linéaire.
d. $i(x) = 3(x + 1) = 3x + 3$ $a = 3$ $b = 3$ Fonction affine.
e. $j(x) = -x = -1 \times x$ $a = -1$ $b = 0$ Fonction linéaire.
f. $k(x) = ax$ $a = a$ $b = 0$ Fonction linéaire.

Correction exercice 3 : $f(x) = 7x - 3$.

a.
$f(0) = 3 \times 0 - 3 = -3$.
$f(2) = 7 \times 2 - 3 = 11$.

$f(-4) = 7 \times (-4) - 3 = -31$.
$f\left(-\frac{1}{3}\right) = 7 \times \left(-\frac{1}{3}\right) - 3 = -\frac{16}{3}$.

b.

$f(x) = -3$
$7x - 3 = -3$
$7x = 0$
$x = 0$

$f(x) = 0$
$7x - 3 = 0$
$7x = 3$
$x = \dfrac{3}{7}$

$f(x) = -1$
$7x - 3 = -1$
$7x = 2$
$x = \dfrac{2}{7}$

Correction exercice 4 :

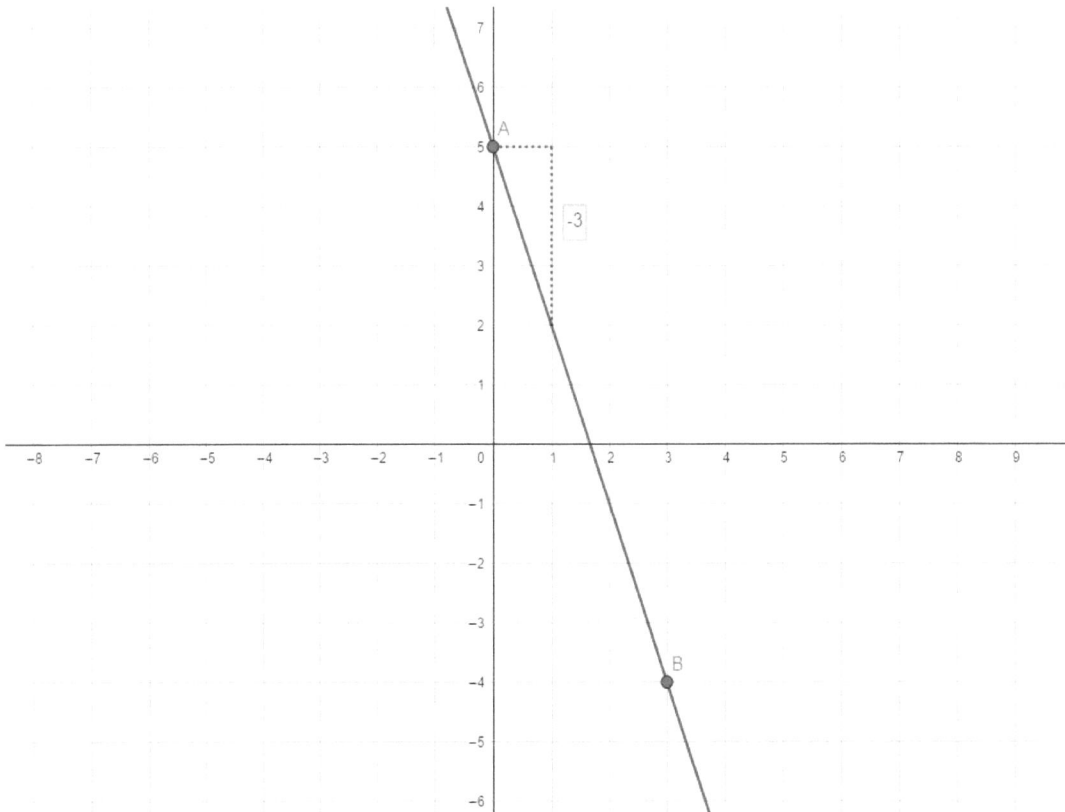

Méthode : Comment lire le coefficient directeur d'une fonction affine ?
- Prendre un point, ici nous avons pris le point $A(0\,;5)$ représentant également l'ordonnée à l'origine de cette fonction (c'est-à-dire $f(0)$).
- Se déplacer vers la droite ou la gauche (ici la droite, voir les pointiller).
- Descendre ensuite jusqu'à retomber sur la courbe représentative de la fonction. Ici, il faut se décaler de 3 vers le bas donc -3.
- Pour conclure, -3 est le coefficient directeur de f et on peut écrire :
$$f(x) = -3x + 5$$

Correction exercice 5 : VRAI OU FAUX

a. Vrai : $f(x) = \frac{1}{7}x$.

b. Vrai et elle passe aussi par l'origine.

c. Faux, $a = 1$.

d. Faux.

Correction de « Ton exemple »

a. On cherche à calculer le pourcentage d'augmentation entre les deux valeurs.
Il faut savoir que pour calculer un pourcentage d'augmentation on doit utiliser la formule suivante :
$$P_A = \frac{v_f - v_i}{v_i} \times 100$$
P_A représente le pourcentage d'augmentation.
v_i représente la valeur initiale (ici le volume d'eau avant la congélation).
v_f représente la valeur finale (ici le volume d'eau gelé).

Donc en appliquant à notre exercice :
$$P_A = \frac{1{,}62 - 1{,}5}{1{,}5} \times 100 = 8.$$

Donc, **il y a une augmentation de 8%.**

b. On cherche à modéliser cette augmentation à l'aide d'une fonction afin de pouvoir calculer le volume d'eau gelé pour n'importe quel volume d'eau.

Soit x le volume d'eau initial on a :
$$f(x) = x + 0{,}8x$$
Donc :
$$f(x) = 1{,}08x.$$

c. Déterminons algébriquement l'antécédent de 5,4 par la fonction f.

$$f(x) = 5{,}4$$
$$1{,}08x = 5{,}4$$
$$x = \frac{5{,}4}{1{,}08} = 5$$

On peut conclure que pour 5 L d'eau, le volume une fois l'eau gelé sera de 5,4 L.
Soit une augmentation de 8%.

Corrigés

Correction des exercices supplémentaires

Corrigé : Calculs d'images et antécédents

Correction exercice 1 : $f(x) = x - 1$.

- $f(-1) = -2$
- $f(3) = 2$
- $f\left(\frac{7}{2}\right) = \frac{5}{2}$
- $f\left(-\frac{1}{2}\right) = -\frac{3}{2}$

Correction exercice 2 : $f(x) = 2x(x+1) = 2x^2 + 2x$.

- $f(1) = 4$
- $f(-1) = 0$
- $f(5) = 60$

Correction exercice 3 : $f(x) = 7x - 1$.
Trouver un antécédent de a revient à résoudre $f(x) = a$.

$$\begin{aligned} f(x) &= -2 \\ 7x - 1 &= -2 \\ 7x &= -1 \\ x &= -\frac{1}{7} \end{aligned}$$

$$\begin{aligned} f(x) &= 0 \\ 7x - 1 &= 0 \\ 7x &= 1 \\ x &= \frac{1}{7} \end{aligned}$$

$$\begin{aligned} f(x) &= 4 \\ 7x - 1 &= 4 \\ 7x &= 5 \\ x &= 5/7 \end{aligned}$$

Correction exercice 4 :

- $f(-1) = -1$.
- $g(-1) = -3$.
- $h(-1) = 4$.
- $i(-1) = -3$.
- $j(-1) = -7$.
- $k(-1) = -2$.

- $f(2) = 2$.
- $g(2) = 3$.
- $h(2) = 19$.
- $i(2) = 6$.
- $j(2) = 8$.
- $k(2) = -17$.

Correction exercice 5 :

$f(x) = 0$
$4x - 1 = 0$
$4x = 1$
$x = \dfrac{1}{4}$

$g(x) = 0$
$-x = 0$
$x = 0$

$h(x) = 0$
$-3x - 1 = 0$
$-3x = 1$
$3x = -1$
$x = -\dfrac{1}{3}$

$f(x) = -1$
$4x - 1 = -1$
$4x = 0$
$x = 0$

$g(x) = -1$
$-x = -1$
$x = 1$

$h(x) = -1$
$-3x - 1 = -1$
$-3x = 0$
$x = 0$

$f(x) = 4$
$4x - 1 = 4$
$4x = 5$
$x = \dfrac{5}{4}$

$g(x) = 4$
$-x = 4$
$x = -4$

$h(x) = 4$
$-3x - 1 = 4$
$-3x = 5$
$3x = -5$
$x = -\dfrac{5}{3}$

Correction exercice 6 :

a) $h(-2) = 1$.

b) $-1 = h(0)$.

c) $4 = h(2)$.

d) $h(1) = 0$.

Correction exercice 7 : $f: x \mapsto x^2 - 2$.

a) $f(1) = 1^2 - 2 = -1$ FAUX

b) $f(4) = 6$ FAUX

c) $f(7) = 12$ FAUX

d) $f(3) = 7$ VRAI

Correction exercice 8 : QCM

1) a, b
2) b

3) a, b
4) a, b, c

Correction exercice 9 : On cherche à résoudre $f(x) = 0$.

C'est-à-dire : $(3x + 6)(x - 9) = 0$.
Tu as vu en cours qu'un produit de facteurs est nul si et seulement si au moins l'un des facteurs est nul.
En d'autres termes : $(3x + 6)(x - 9) = 0$ si et seulement si $3x + 6 = 0$ ou $x - 9 = 0$.

Trouver les antécédents de 0 par la fonction f revient donc à résoudre les deux équations.

$$3x + 6 = 0$$
$$3x = -6$$
$$x = -\frac{6}{3}$$

$$x - 9 = 0$$
$$x = 9$$

Nous avons donc déterminé les antécédents de 0 par la fonction f qui sont $-\frac{6}{3}$ et 9.

Correction exercice 10 :

a. On choisit le chiffre 2, on le multiplie par 3 ce qui donne 6 et on soustrait 5 ce qui nous donnes finalement **1**.
b. x représente le nombre de départ, on le multiplie par 3 ce qui nous donnes $3x$ ensuite on soustrait 5 donc $3x - 5$. On a donc $f(x) = 3x - 5$.

Corrigé : Représentation graphique

Correction exercice 1 :

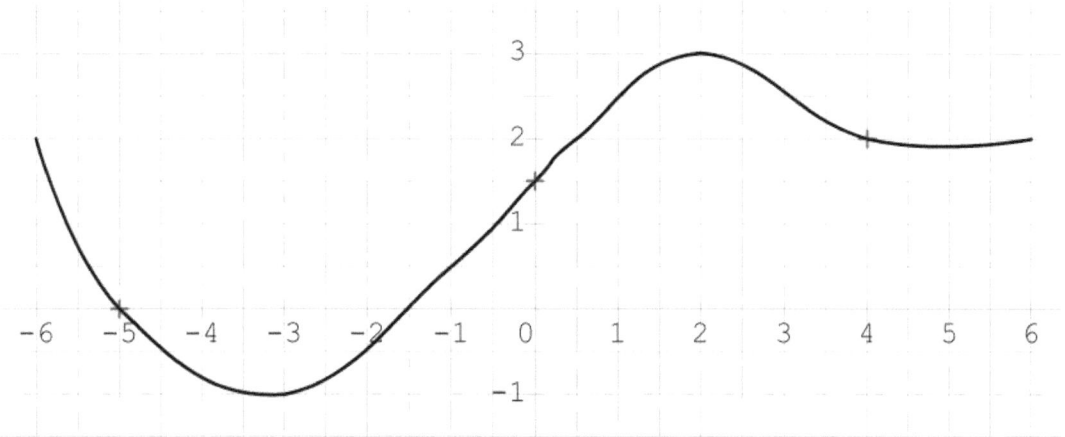

a. $f(4) = 2$ b. $f(0) = 1,5$ c. $f(-5) = 0$

Correction exercice 2 :
Il peut y avoir plusieurs tableau de valeurs possible, nous allons nous contenter de construire le tableau de valeurs représentant les points marqués associés à la courbe.

x	-6	-4	-2	0	1	2	4
$f(x)$	2	-2	1	0	2	4	1

Correction exercice 3 : Voici un exemple de représentation graphique de la fonction j dans un repère :

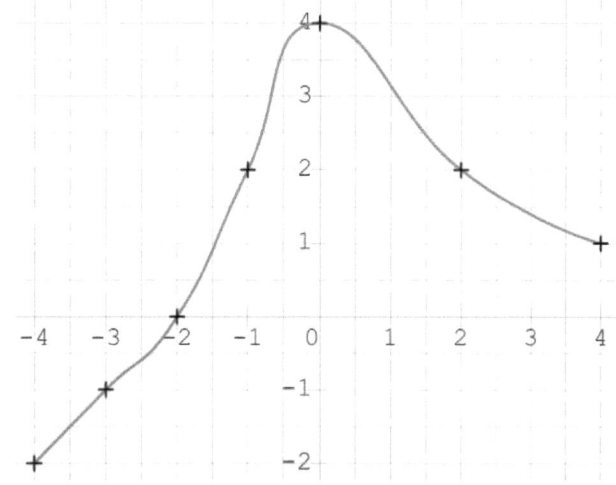

Correction exercice 4 : $f : x \mapsto 5x - 1$ est représentée par la courbe C_f.

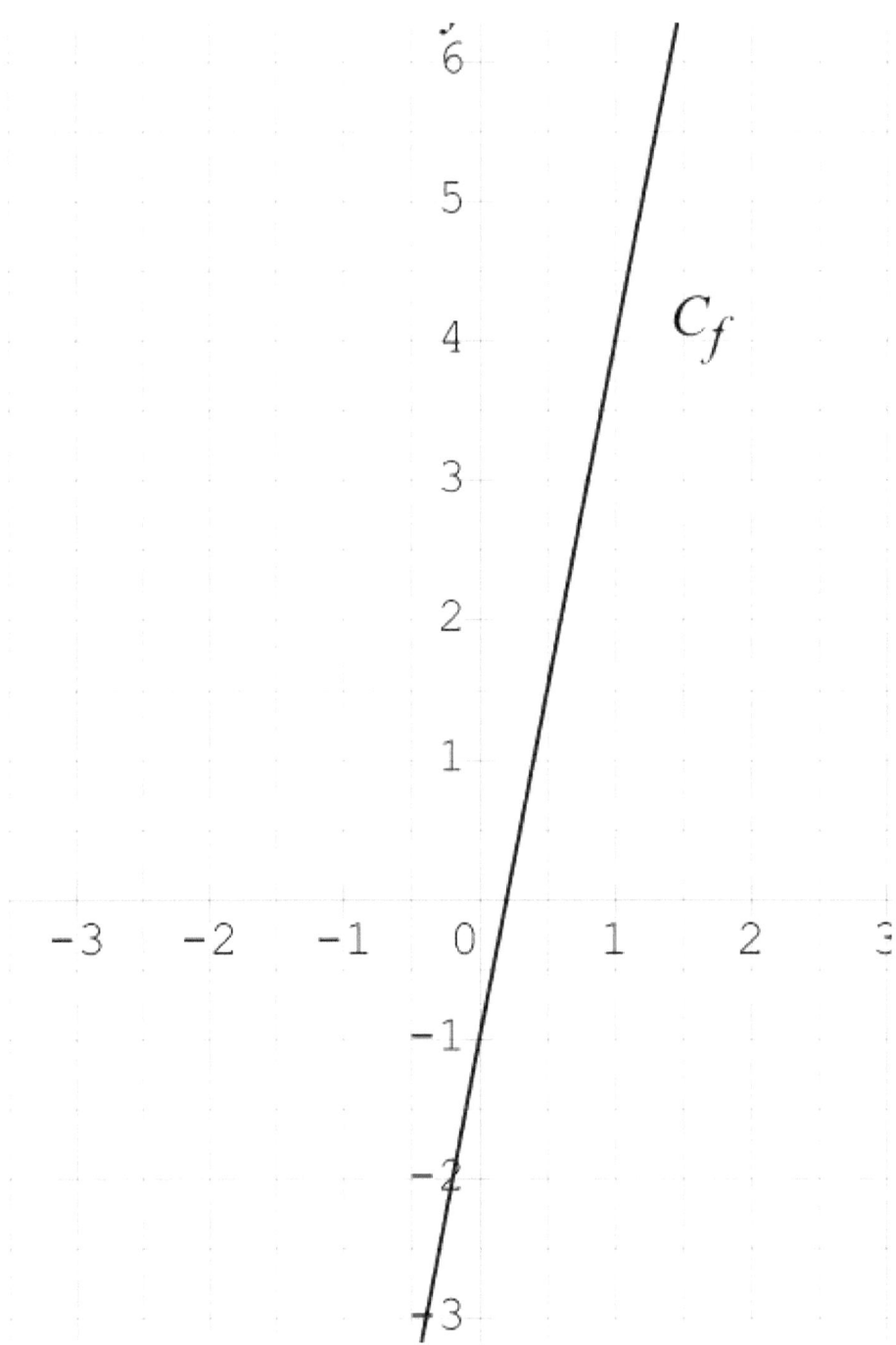

Correction exercice 5 : $g : x \mapsto -3x$ est représentée par la courbe C_g.

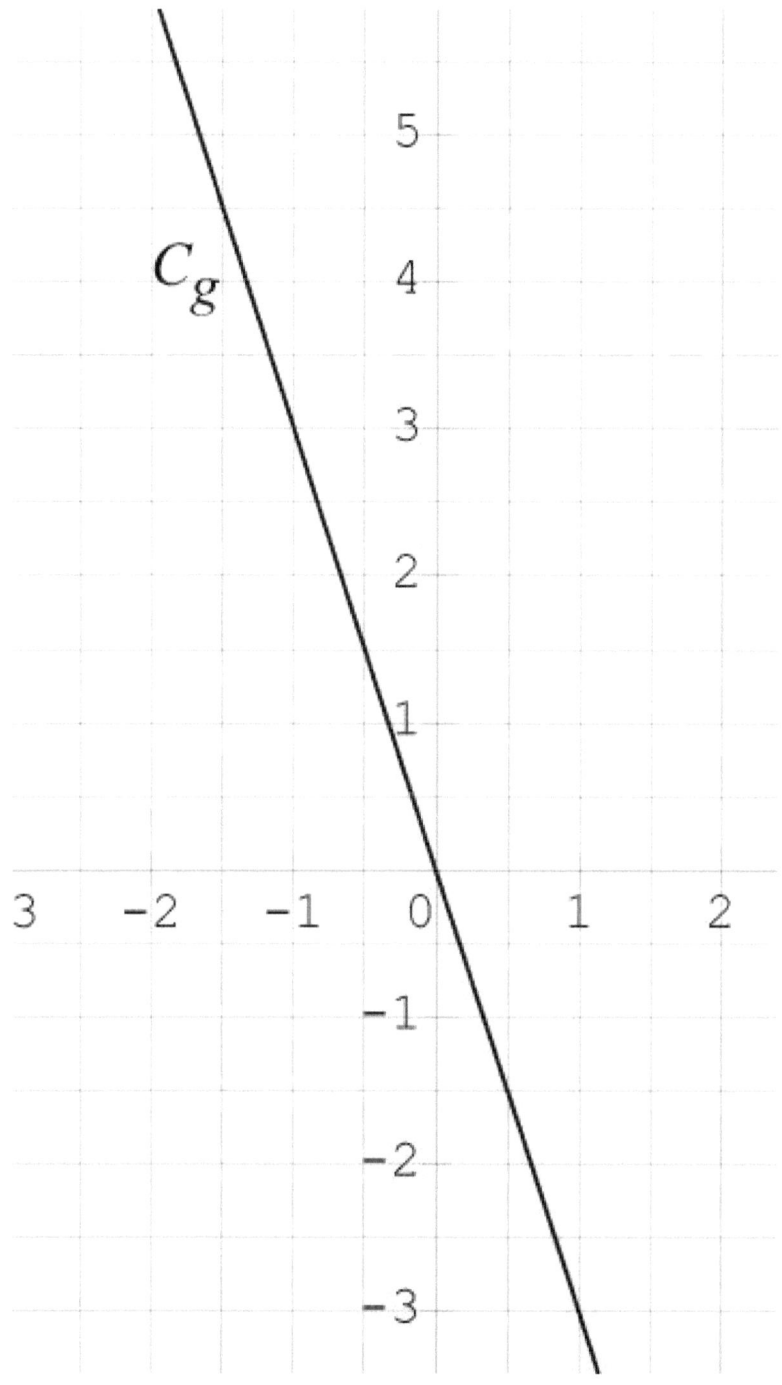

Corrigé : fonctions linéaires et affines

Correction exercice 1 :
a. $f(x) = 5x - 3$.
b. $g(x) = 4x$.

Correction exercice 2 : Les fonctions suivantes sont de la forme : $f(x) = ax + b$.

a. $f(x) = -5x - 1$ avec $a = 5$ et $b = -1$.
b. $g(x) = \frac{-8x+2}{7} = -\frac{8x}{2} + \frac{2}{7}$ avec $a = -\frac{8}{7}$ et $b = \frac{2}{7}$.
c. $h(x) = \frac{x}{2} = \frac{1}{2}x$ avec $a = -\frac{1}{2}$ et $b = 0$.
d. $i(x) = -x + 1$ avec $a = -1$ et $b = 1$.

Correction exercice 3 : Les fonctions suivantes sont-elles affines ?

a. $f(x) = x - 1$ avec $a = 1$ et $b = -1$ est une fonction affine.
b. $g(x) = 9x - 1$ avec $a = 9$ et $b = -1$ est une fonction affine.
c. $h(x) = 5x^2 - 2x + 1$ n'est pas de la forme $ax + b$ donc ce n'est pas une fonction affines.
d. $i(x) = 5^2 \times x + 2^2 = 25x + 4$ avec $a = 25$ et $b = 4$ est une fonction affine.

Correction exercice 4 :
a. $a = -5$ et $b = -1$.
b. $a = -\frac{3}{7}$ et $b = 43$.
c. $a = -\frac{1}{3}$ et $b = \frac{7}{3}$.
d. $a = -62$ et $b = -1$.

Correction exercice 5 :
a. $-1{,}5x - 4$.
b. $-2x - 3$.
c. $-4x + 1{,}5$.
d. $4x + 1$.

Correction exercice 6 : $f(x) = -\frac{1}{2}x - 3$.

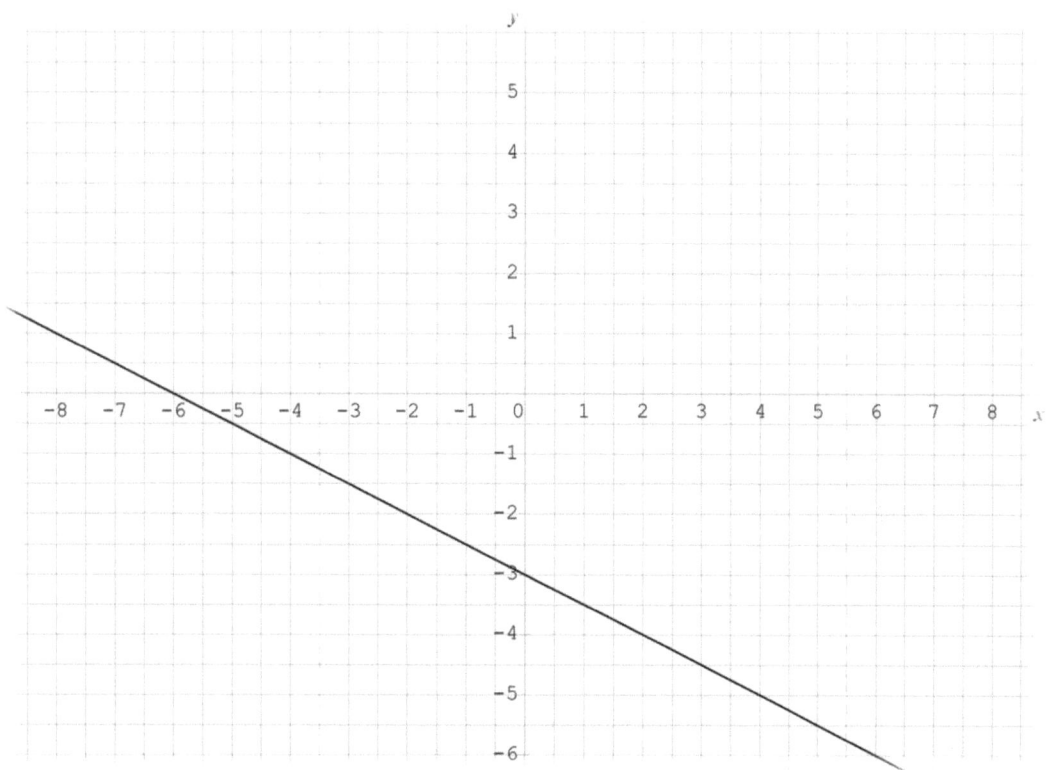

Correction exercice 7 : $h(x) = -\frac{7}{3}x$.
$$h(8) = -\frac{7}{3} \times 8 = -\frac{56}{3}$$

Correction exercice 8 : VRAI ou FAUX ?
  a. Faux, elle passe par l'origine.
  b. Faux, $f(x) = -\frac{3x}{7} + \frac{1}{7}$ donc le coefficient directeur est $-\frac{3}{7}$.
  c. Vrai.
  d. Faux, une fonction linéaire est une fonction affine dont l'ordonnée à l'origine est 0.

Corrigé : Modélisation

Correction exercice 1 : La plante Mathflore.

1) On construit le tableau de valeurs de la fonction f (les points sont apparents sur le graphique) :

x	1	2	3	4	5	6	7	8	9
$f(x)$	0,8	1	1,9	3	4	6	10	14	22

2) On peut lire sur le tableau ou bien sur le graphique que la plante commencera à bourgeonner à partir de la 7ème semaine car $f(7) = 10$.

3) En remplaçant x par 5 dans la fonction f on obtient :
$$f(x) = 0{,}4494 \times 5^2 - 2{,}1102 \times 5 + 3{,}2881 = 3{,}9721 \approx 4$$

Ce qui est tout à fait cohérent avec le graphique.

NOTE : On ne trouve pas exactement 4 lors du calcul d'image tout simplement parce que notre logiciel de calcul à arrondi la définition de la fonction f.

Correction exercice 2 : Aujourd'hui, c'est les soldes !

a. La jupe coûte 80€. Cependant nous avons 30% de réduction, c'est-à-dire
$$80 - 0{,}3 \times 80 = 0{,}7 \times 80 = 56$$
On peut donc dire qu'après réduction la jupe ne coûtera plus que 56 €.

b. Soit x le prix initial de l'article. Le prix final après réduction sera : $x - 0{,}3x = 0{,}7x$.
Donc la fonction p est définie par $p(x) = 0{,}7x$.

c. Il s'agit en effet d'une fonction linéaire de coefficient 0,7.

d. Représentons graphiquement la fonction p sur l'intervalle des x compris entre $0\ €\ et\ 150\ €$:

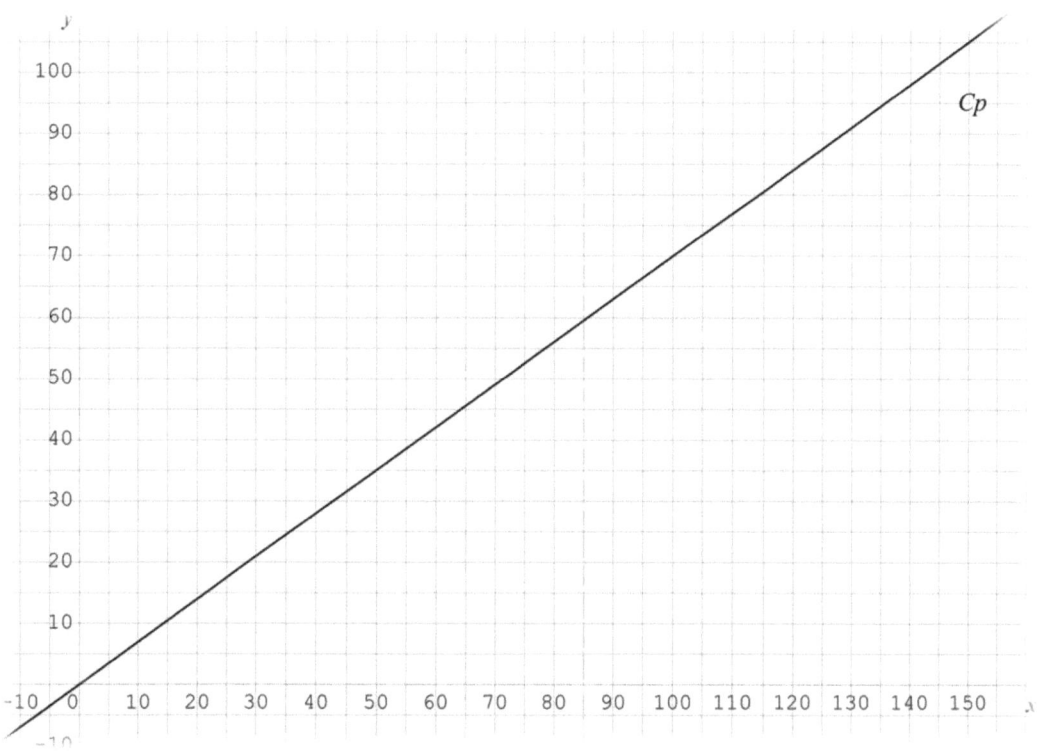

e. D'après le graphique, $f(50) = 35$.
f. D'après le graphique $f(84) = 59$.

Correction exercice 3 : Ding Dong ! C'est le livreur !

a. La fonction représentant la situation est affine car pour le prix d'un croissant s'ajoute les frais de livraison. C'est donc de la forme $ax + b$.

b. Nous avons deux données dans l'énoncé : $f(4) = 2,60$ et $f(10) = 5$. Plaçons donc les points dans le repère et traçons la courbe :

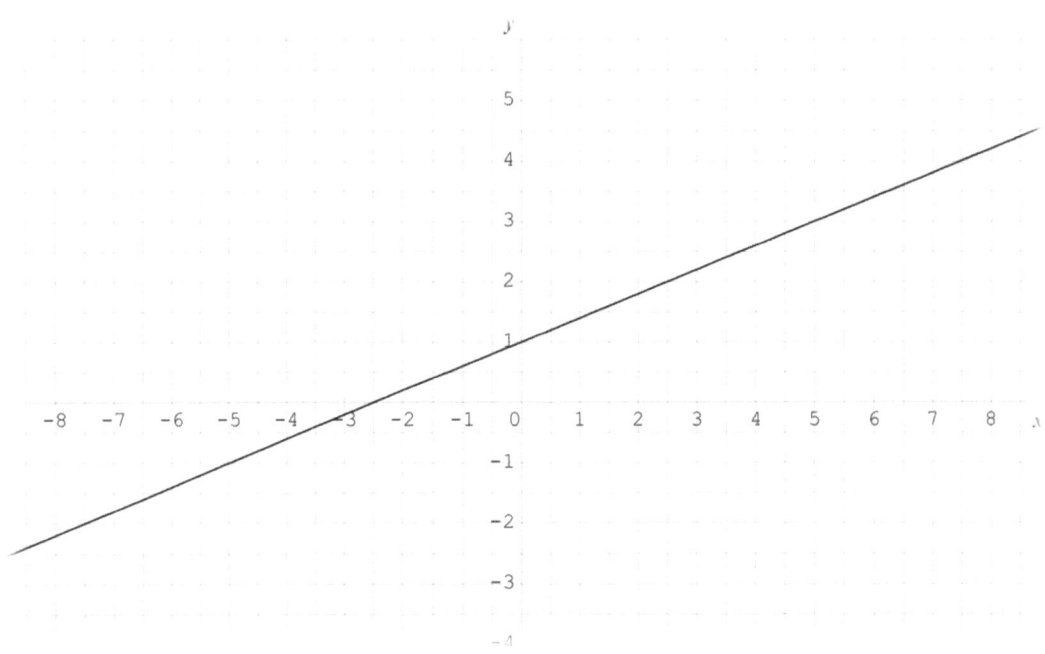

c. Nous savons que la fonction est de la forme $ax + b$ avec a le nombre de croissant, x le nombre d'un croissant et b le prix de la livraison.
b étant l'ordonnée à l'origine, sur le graphique nous déterminons que $b = 1$.

Donc les frais de livraison d'élève à 1.

Correction exercice 4 : Un problème d'aire.
On étudie les rectangles de périmètre $30\ cm$.
Soit l la largeur du rectangle.
Soit L la longueur du rectangle.

On cherche à déterminer les valeurs possibles de l.
On sait que : $\mathcal{P} = 2l + 2L$.
Ici, $\mathcal{P} = 30$.
Donc
$$2l + 2L = 30$$
$$l + L = 15$$
$$l = 15 - L$$

Les valeurs possibles de l sont de la forme $15 - L$.

De même $L = 15 - l$.
Nous savons que l'aire d'un rectangle est de la forme $\mathcal{A} = l \times L$.
En remplaçant L par son expression on obtient :
$$\mathcal{A}(l) = l \times (15 - l)$$
$$= 15l - l^2$$

On a donc déterminé l'expression de la fonction $\mathcal{A}(l) = 15l - l^2$.

Correction exercice 5 : Hauteur d'un triangle équilatéral (DIFFICILE).
On imagine un triangle équilatéral (tous les côtés sont égaux) dont les côtés mesurent $5\,cm$.

Afin de calculer la hauteur de ce triangle, nous devons utiliser le théorème de Pythagore.

Soit x la longueur d'un côté du triangle (en l'occurrence ici $5\,cm$).
D'après le théorème de Pythagore on a :

$$x^2 = \left(\frac{x}{2}\right)^2 + h^2$$

$$h^2 = x^2 - \frac{x^2}{4} = \frac{4x^2}{4} - \frac{x^2}{4} = \frac{3x^2}{4}$$

$$h(x) = \sqrt{\frac{3x^2}{4}}$$

Nous venons de déterminer l'expression de la hauteur d'un triangle équilatéral en fonction de sa longueur x. Ce qui répond à la question b. avant même d'avoir répondu à la a.
Afin de répondre à la question a. remplaçons x par 5.

$$h = \sqrt{\frac{3 \times 5^2}{4}} = \frac{5\sqrt{3}}{2}$$

Maintenant, déterminons l'aire $\mathcal{A}$ du triangle en fonction de sa longueur x.
Nous savons que l'aire d'un triangle est donnée par la formule : $\mathcal{A} = \frac{B \times h}{2}$.
En remplaçant h par son expression, on obtient :

$$\mathcal{A} = \frac{\mathcal{B} \times \sqrt{\frac{3x^2}{4}}}{2}$$

Nous sommes dans un triangle équilatéral donc $\mathcal{B} = x$.
Ce qui donne :

$$\mathcal{A} = \frac{x \times \sqrt{\frac{3x^2}{4}}}{2}$$

En simplifiant avec les règles sur les racines carrées on obtient finalement que :

$$\mathcal{A}(x) = \frac{\sqrt{3}}{4} x^2$$

Nous avons donc déterminé la fonction aire d'un triangle équilatéral.
Passons à l'application numérique :
En remplaçant x par $5, 3$ et $\sqrt{3}$ on obtient :

$$\mathcal{A}(5) = \frac{25\sqrt{3}}{4}$$

$$\mathcal{A}(3) = \frac{9\sqrt{3}}{4}$$

$$\mathcal{A}(\sqrt{3}) = \frac{3\sqrt{3}}{4}$$

REMERCIEMENTS

À toutes ces personnes qui ont contribué de prêt ou de loin à l'élaboration de cet ouvrage

Yolande CHAMBON
Ma mamie, pour l'inspiration

Carine DE POMPADOUR
Autrice du livre « Les Petits Plats de la Marquise »

Noémie KOUSSOU
Étudiante en mathématiques appliqués

Léo VOLET
Mon frère, élève de 3ème

Matthieu MERIOT
Auteur du livre « Parle »

BOOKS on DEMAND (BoD)
Éditeur

Sophie Le Torc'h
Professeure de mathématiques

Madeleine BOXBERGER
Professeure d'anglais spécialisée en matière de handicap

Lisa LOPEZ
Étudiante en communication
© Couverture du livre « Notion de fonction »

Marielle SACCO
Ma professeure de mathématiques (lycée)

Crédits photographiques, illustrations et schémas

© Geogebra ; © Sinequanon ; © Pixabay ; © Lisa LOPEZ

L'auteur remercie Carine De Pompadour pour son expertise dans l'écriture et la production d'un livre ; Noémie KOUSSOU pour sa relecture sans faille ; Matthieu Meriot pour ses précieux conseils ; Léo Volet pour son aide précieuse ; Sophie Le Torc'h pour son expérience d'enseignante ; Madeleine Boxberger pour ses conseils ; Lisa Lopez pour la couverture ; Yann Poirier pour la communication ; BoD pour son édition ; Marielle Sacco, pour son enseignement des mathématiques du secondaire.